BEI GRIN MACHT SICH IHR WISSEN BEZAHLT

- Wir veröffentlichen Ihre Hausarbeit,
  Bachelor- und Masterarbeit

- Ihr eigenes eBook und Buch -
  weltweit in allen wichtigen Shops

- Verdienen Sie an jedem Verkauf

Jetzt bei www.GRIN.com hochladen und kostenlos publizieren

Tobias Helmut Freitag

Inwieweit gibt es eine soziale Bewegung gegen Gentechnik?

GRIN Verlag

Bibliografische Information der Deutschen Nationalbibliothek:

Die Deutsche Bibliothek verzeichnet diese Publikation in der Deutschen National-
bibliografie; detaillierte bibliografische Daten sind im Internet über http://dnb.d-
nb.de/ abrufbar.

Impressum:

Copyright © 2011 GRIN Verlag GmbH
Druck und Bindung: Books on Demand GmbH, Norderstedt Germany
ISBN: 978-3-640-94877-2

Dieses Buch bei GRIN:

http://www.grin.com/de/e-book/174355/inwieweit-gibt-es-eine-soziale-bewegung-
gegen-gentechnik

Inwieweit gibt es eine soziale Bewegung gegen Gentechnik?

Seminararbeit zum Themenzentrierten Seminar

Tobias H. Freitag
Sommersemester 2011

Seminararbeit des Moduls „Themenzentriertes Seminar" im Masterstudiengang Agrarwissenschaften an der Georg-August-Universität Göttingen, Abgabedatum: 31.05.2011

Inhaltsverzeichnis

Abbildungsverzeichnis

Abkürzungsverzeichnis

1   Einleitung

Spätestens mit der Verabschiedung des Gesetzes zur Regelung der Gentechnik am 16. Dezember 1993 wurden in Deutschland einer Technik Rahmenbedingungen gesetzt, die bis dato in ihren Möglichkeiten keine Grenzen offenbaren ließ: Erzabbau mittels Bakterien, Medikamente und Impfstoffe gegen Krankheiten, herbizidresistente Pflanzen, Klonen von Menschen und Tieren usw. (*Gill 2008, S. 614*) Seitdem wird die Gentechnik von unterschiedlichen Organisationen zu unterschiedlichen Zwecken instrumentalisiert, ohne den wissenschaftlichen Fakten dabei immer gerecht zu bleiben. Den in der Bevölkerung und Gesellschaft verankerten Ängsten gegen ‚Eingriffe in das Leben' (als Synonom für Klonierung) und dem natürlichen Misstrauen gegenüber neuen, abstrakten und kaum greifbaren Technologien, haben sich insbesondere Umweltschutzorganisationen angenommen sowie auch politische Parteien. Im Zuge der Etablierung der sogenannten ‚Grünen Gentechnik' *(vgl. Kapitel 2)* und dem Anlegen von Versuchsfeldern durch Saatzuchtunternehmen und Pflanzenschutzmittelherstellern Anfang der 1990er Jahre, wurde die Gentechnik erstmals angreifbar. Versuchsfelder mit GVO-Pflanzen sind seitdem Ziel von Zerstörungen (*Gill 2008, S. 618*) und stehen wesentlich öfters in der öffentlichen Diskussion als gentechnische Anwendungen in der medizinalen Forschung beispielsweise.

Auf Basis dieser Entwicklungen soll diese Arbeit einen Beitrag zu der Fragestellung leisten, ob sich gesellschaftliche Gruppierung gebildet haben, die gegen Gentechnik vorgehen und zahlenmäßig so bedeutsam sind, dass man von einer sozialen Bewegung sprechen kann.

Hilfsmittel sind zunächst eine theoretische Einführung in die Gentechnik und der Definition von Sozialen Bewegungen und, im Übergang zur Diskussion, gesellschaftliche Einflussfaktoren. *(vgl. Kapitel 4)* Im Fokus der Diskussion steht die Frage, wie sich Menschen in einer von Medien stark beeinflussten Gesellschaft mobilisieren lassen. Das Fazit der Arbeit bildet eine Zustandskritik sowie Handlungsempfehlung über den weiteren Forschungsbedarf, auf den im Übrigen auch in den anderen Kapiteln teilweise eingegangen wird.

2   Gentechnik

Dieses Kapitel beschreibt, neben einem historischen Abriss und Begriffsdefinitionen, den aktuellen Stand der Gentechnik und zeigt auf, in welchen Bereichen Gentechnik bereits heute in das Leben von gesellschaftlichen Gruppen wie Konsumenten, Patienten oder Landwirten eingreift. Darüberhinaus werden Wege dargestellt, die die Gentechnik in den kommenden Jahren einschlagen könnte.

Gentechnik ist ein Teil der Biotechnologie, deren Ursprünge einhergehen mit der Zivilisierung der Menschheit. Mit der Domestizierung von Mais und Weizen bis zu 10.000 Jahre vor Christus begann die natürliche, selektive Züchtung von Nutzpflanzen wie auch die von Nutztieren. Biotechnologie diente frühzeitig der Herstellung von alkoholischen Getränken, Milchprodukten, Papier, Seide und anderen natürlichen Produkten. *(Clark 2009, XIII)* Daraus entwickelte sich die Wissenschaft der Genetik. Während der sogenannten „grünen Revolution" in der Zeit zwischen 1960 und 1980 wurde das Wissen der Genetik u.a. auf die natürliche Züchtung angewendet. *(Kempken 2009, S. 8)* Allgemein anerkannt als das Geburtsjahr der Gentechnik ist 1973, als erstmals die Rekombination von DNA verschiedener Herkunft und deren Klonierung begann. *(Regenass-Klotz 2000, S. 71)* Schlussfolgernd bezeichnet Gentechnik demnach jene Methoden und Verfahren, die auf den Kenntnissen der Molekularbiologie und Genetik aufbauen und gezielte Eingriffe in das Erbgut (Genom) und damit in die biochemischen Steuerungsvorgänge von Lebewesen bzw. viraler Genome ermöglichen. Das Produkt dieser Eingriffe ist rekombinante DNA, mit der wiederum gentechnisch veränderte Organismen hergestellt werden können. *(Martinko 2006, S. 1167)* Verfahrensbiologisch ist der Einbau der DNA in sogenannte Genfähren, Genträger oder Klonierungsvektoren der Vorgang, der im Sinne der Gentechnologie als Klonen bezeichnet wird. *(Regenass-Klotz 2000, S. 38)*

Gentechnik wird heute in folgenden Bereichen angewandt:

> ➢ Medizin und medizinale Forschung
> ➢ Agronomische Anwendung bei Nutzpflanzen
> ➢ Anwendung in der Lebensmittelindustrie, der Waschmittelindustrie sowie der Bekleidungsindustrie und Papierverarbeitung
> ➢ Molekulare Archäologie *(Regenass-Klotz 2000, S. 71)*

Durch den agrarökonomischen Hintergrund dieser Arbeit wird schwerpunktmäßig die Züchtung und Selektion von Nutzpflanzen, weithin bekannt als „Grüne Gentechnik", *(Buhk 2010, S. 1)* beschrieben. Denn gerade hier ist sie von großer Bedeutung: Durch Pflanzenparasiten, Schädlinge, Wildkrautwuchs, klimatische und andere abiotische Faktoren entstehen jedes Jahr erhebliche Ernteeinbußen, die zum Zwecke der nachhaltigen Ernährung der Weltbevölkerung deutlich reduziert werden müssen. Die Erhöhung der Erträge pro Hektar kann als Oberziel beim Einsatz der Gentechnik bezeichnet werden. Nachgeordnete Ziele sind beispielsweise der gänzliche oder teilweise Verzicht auf die Applikation von Pflanzenschutzmitteln, die zum Teil zu nachhaltigen Umweltschäden führen kann. *(Kempken 2009, S. 125)*

Der Gentransfer, also die gentechnische Veränderung des Erbgutes einer Pflanze, bietet gegenüber den herkömmlichen Methoden der Züchtung entscheidende Vorteile. *(Regenass-Klotz 2000, S. 107)* Mit dem ‚Einbau' eines bestimmten im Labor isolierten Gens können nun beispielsweise Resistenzen gegen Parasiten hervorgerufen werden. Die gentechnische Pflanzenzüchtung hat des Weiteren den Vorteil, dass sie den Züchtungsprozess vereinfacht und beschleunigt, da schadvermeidende Rückkreuzungen nicht mehr nötig sind. Bereits im Jahr 1997 waren 12 Maissorten, 5 Baumwollsorten oder auch Tomatensorten als GVO-Pflanzen, oder auch transgene Pflanzen genannt, auf dem Markt erhältlich. *(Regenass-Klotz 2000, S. 109)*

Im Folgenden soll auf die rechtlichen Rahmenbedingungen kurz eingegangen werden. In Verbindung mit der Gentechnik im Pflanzenbau spricht man von einer ‚Koexistenz Grüne Gentechnik', basierend auf dem EU-Gentechnikrecht. Dessen Geltungsbereich erstreckt sich von der landwirtschaftlichen Erzeugung (gewerbliche Saatgut- und Pflanzenerzeugung) bis zur ersten Verkaufsstelle, also von ‚Saat zu Silo'. *(Buhk 2010, S. 1 f.)* Unter den allgemeinen Grundsätzen in einem ‚Indikativen Maßnahmenkatalog' werden u.a. Schwellenwerte für den Reinheitsgrad von gentechnisch veränderten Lebensmitteln, Futtermitteln und Saatgut festgelegt. *(Buhk 2010, S. 3 ff.)* Ziel ist eine weitgehende Trennung zwischen GVO und Nicht-GVO.

Für die Zukunft wird sowohl weltweit und auch in Europa, was bisher der Gentechnik tendenziell ablehnend gegenüberstand, eine deutliche Steigerung des Anbau von GVO-Nutzpflanzen prognostiziert. *(Kempken 2009, S. 209 f.)*

3   Soziale Bewegungen

Für eine fundierte Analyse über den Zusammenhang von „Gentechnik" und „Soziale Bewegungen", definiert dieses Kapitel Soziale Bewegungen in Deutschland und geht auf historische Entwicklungen nach 1945 ein.

Opp fasst Soziale Bewegungen als eine Art von Protestbewegung zusammen, die charakteristische Unterschiede in Größe bzw. Teilnehmerzahl und ihrem Organisationgrad hat. Mit dem Begriff können also Protestgruppen beschrieben und voneinander abgegrenzt werden. *(Opp 2009, S. 44)* Eine Protestgruppe ist per Definition ein Kollektiv von Personen, die ein gemeinsames Ziel erreichen wollen oder Entscheidungen treffen, die zu diesem Ziel hinführen. *(Opp 2009, S. 41)* Über die Anzahl der Personen gibt es allerdings keine explizite Angabe, um sie zu einer Sozialen Bewegung bzw. Protestbewegung werden zu lassen. Gänzlich anders verhält es sich beim Zweck der Protestbewegung. Als Beispiel führt Opp die Demonstrationen gegen den Golf-Krieg 2003 in Europa an, als insbesondere Studenten Straßenproteste initiierten. Die Form und den Grund des Protestes, können demnach ganz eindeutig identifiziert werden. Protestbewegungen artikulieren sich anhand folgender Maßnahmen:

> Unterschriftensammelaktionen
> Sitzblockaden
> Boykotte
> Straßenaufmärsche und -sperre
> Besetzungen von Häusern o.ä.
> Etc.

Opp ist der Auffassung, dass weder terroristische Anschläge noch Beschwerden von Studenten über den Unterrichtsplan eines Professors, Arbeiterstreiks, Bürgerbegehren für die Erweiterung eines Kindergartens oder Proteste beim Kellner, dass Essen sei nicht gut gewesen, hinzuzuzählen sind. *(Opp 2009, S. 33)* Gewerkschaften, Arbeitgeberverbände, Studentenorganisationen, Sportvereine, Unternehmen und Parlamente sind ebenso keine Sozialen Bewegungen. Im Gegensatz dazu zählt Opp die Antiatomkraftbewegung, die Bürgerrechtsbewegung, die Friedensbewegung und die Umweltbewegung zu den Sozialen Bewegungen. *(Opp 2009, S. 34)* Zielobjekt von Protesten und Bewegungen sind beispielsweise

Regierungen mit der Absicht auf Gesetzgebungen oder ihr generelles Handeln einzuwirken, Unternehmen in Bezug auf ihr umweltpolitisches Handeln oder bestimmter Personen(-gruppen) zu beeinflussen.

Andere, in Opp's Buch genannte Literaturquellen, beschreiben Soziale Bewegungen als die ‚organisierte Bemühung, einen sozialen Wandel herbeizuführen' *(Jenkins and Form 2005)* oder ‚Soziale Bewegungen sind definiert als kollektive Herausforderung […] in Interaktion mit Eliten, Gegnern und Autoritäten'. *(Tarrow 1998)*

Historisch betrachtet, haben Soziale Bewegungen in der Bundesrepublik Deutschland nach dem 2. Weltkrieg ihr Auftreten und Selbstverständnis von den Vorkriegsbewegungen (Frauenbewegungen, Arbeiterbewegungen usw.) weitestgehend übernommen, wofür der Begriff des ‚Klassenkampfes' prägend steht. Selbst die von Studenten initiierte und geprägte ‚Außerparlamentarische Opposition' der 1960er und -70er Jahre konnte sich auf keinen Begriff einigen, der ihre Bewegung treffend beschrieben hätte. Stattdessen wurden klassische Wortgebilde wie ‚Neue Linke, Neue Arbeiterklasse, Revolte' etc. neu aufgelegt. *(Gill 2008, S. 637)* Bis dato konnte sich allein die Friedensbewegung in Deutschland etablieren, die u.a. gegen die Wiederbewaffnung Deutschlands demonstrierte. Aus der ‚Apo', deren Demonstrationsschwerpunkt der politische Kampf gegen die Große Koalition, die Sorge um die westdeutsche Demokratie sowie Anmahnung von Sozialreformen bildete, entwickelten sich Bewegungen, die Gill unter dem Namen ‚Neue Soziale Bewegung' zusammenfasst. *(Gill 2008, S. 657)* Dazu zählen in den 70er und 80er Jahren vor allem die Ökologie- und die neue Frauenbewegung. Erstere artikulierte sich nicht nur in der Gründung einer Partei, der ‚Grünen' im Jahr 1980, *(Rucht und Roose 2001, S. 55)* sondern auch im ‚Ergrünen' gesellschaftlicher Themen: An erster Stelle ist hier die Anti-Atomkraftbewegung zu nennen, daneben Bewegungen mit lokaler Bedeutung wie zum Beispiel die Demonstrationen gegen die Startbahn West des Flughafens Frankfurt/Main. In den 1990er Jahren kommt es im wiedervereinigten Deutschland zu einem Rückgang der NSB in Relation zu Sozialprotesten und u.a. ausländerfeindlichen, rechtsradikalen Aktivitäten. *(Gill 2008, S. 637)*

Kapitel 4 im Anschluss nennt Einflussgrößen auf die Wahrnehmung der Grünen Gentechnik durch die Gesellschaft, wodurch auch die Aktivitäten heutiger Bewegungen charakterisiert werden.

4   Gesellschaftliche Einflussgrößen auf soziale Bewegungen

Dieses Kapitel beschreibt den Übergang zwischen der theoretischen Erläuterung der Gentechnik und Sozialen Bewegungen sowie einer abschließenden Diskussion, indem gesellschaftliche Einflussfaktoren auf soziale Bewegungen genannt werden. Mit Einflussfaktoren sind Größen gemeint, die die Wahrnehmung der (Grünen) Gentechnik in der Gesellschaft beeinflussen und somit zu einer Bewegung beitragen könnten.

Im ersten Schritt werden Organisationen und Verbände genannt, die sich unter dem Sammelbegriff ‚Non-Profit-Organiations‘ oder ‚Non-Governmental-Organisations‘ zusammenfassen lassen und öffentlich Stellung zur Grünen Gentechnik nehmen. Zum einen sind hier solche Organisationen zu nennen, die den Berufsstand derer vertreten, die mit GVO in Berührung kommen. Die Interessen der landwirtschaftlichen Betriebe werden so z.B. durch den Deutschen Bauernverband vertreten. Zudem äußern sich gelegentlich ‚fachfremde‘ Gruppierungen wie Kirchen oder Gewerkschaften. Der Schwerpunkt in dieser Arbeit liegt allerdings auf NPO's, die an aktuellen politisch-gesellschaftlichen Diskussionen teilnehmen, sich selbst als Vertreter von Konsumenten bzw. der Bevölkerung definieren und damit zu einer sozialen Bewegung gegen Gentechnik beitragen können. *(vgl. Kapitel 5)* Beispielhaft sind folgende zu nennen, die dem Einsatz der Gentechnik kritisch bis ablehnend gegenüberstehen:

> ➢ foodwatch e.v.
> ➢ Greenpeace e.V.
> ➢ IG Saatgut/Dreschflegel e.V.
> ➢ Bund für Umwelt und Naturschutz Deutschland e.V. (BUND)
> ➢ NABU – Naturschutzbund Deutschland e.V. *(Eigene Recherchen)*

Repräsentativ für viele dieser NGO's stehen die Forderungen von Greenpeace e.V.:

> ➢ „Kein Anbau von Gen-Pfanzen
> ➢ Kein Gen-Futter für Tiere
> ➢ Verbot von Patenten auf Pflanzen, Saatgut und Lebewesen
> ➢ Handel und Lebensmittelüberwachung müssen für Essen ohne Pestizide sorgen: Die vermarkteten Lebensmittel sollten möglichst frei von Pestizidrückständen sein.
> ➢ Der Pestizideinsatz muss in Deutschland durch ein Programm von Regierung und Landwirtschaft innerhalb von fünf Jahren um 50 Prozent gesenkt werden.

> Landwirte und Lebensmittelhandel sollen besonders gefährliche Pestizide, wie sie die „Schwarze Liste" von Greenpeace benennt, nicht mehr einsetzen.

> Förderung einer ökologischen [...] Landwirtschaft" *(Greenpeace 2011, S. 19)*

Ähnlich nimmt der Verein foodwatch Stellung zur Grünen Gentechnik, wenn auch der Schwerpunkt auf Verbraucherinteressen gelegt wird. Daher wird die Forderung nach einer Wahlfreiheit zwischen GVO und Nicht-GVO beim Kauf von Nahrungsmitteln bekräftigt. *(foodwatch 2007)* Diese werde durch eine Kennzeichnung ermöglicht, wie sie Bundesverbraucherministerin Ilse Aigner im August 2009 vorgestellt habe. *(vgl. Abb. 1)* Ziel des Siegels war, dass bei Fleischprodukten mit entsprechender Kennzeichnung äußerlich wahrnehmbar wird, dass keine GVO-Futtermittel bei den Tieren verfüttert worden sind. Die Interessengemeinschaft Saatgut ist ein internationaler Verbund aus Organisationen, die sich für Sicherung der gentechnikfreien Saatgutarbeit einsetzen. Im Fokus steht der Erhalt gentechnikfreien Saatguts und die Vielfalt an gentechnikfreien Kulturpflanzen. *(Dreschflegel 2011)*

Im nächsten Schritt wird durch die von Rucht und Roose *(Rucht und Roose 2001, S. 65 ff.)* ermittelten Zahlen die empirische Datengrundlage geschaffen. Demnach existieren in Deutschland rund 120 Organisationen, die dem Spektrum der Umweltbewegungen zugeordnet werden können. Die größten derer wie bspw. der NABU und BUND mit 1.800 bzw. 1.500 Gruppierungen verfügen über parteiähnliche Strukturen: Hinter einem Bundesverband stehen Landes- und Ortsverbände mit den jeweiligen Gremien und Finanzen. Als umfassender ‚Dachverband' der Umweltorganisationen wurde der Deutsche Naturschutzring e.V. gegründet, dem zahlenmäßig im Jahr 2000 5,2 Mio. Mitglieder angehörten. Abbildung 2 verdeutlicht, dass sich die Mitgliederzahl in den 1990er Jahren stetig nach oben entwickelt hat. Bei der Betrachtung der Anzahl der Teilnehmer an Protestaktionen gemäß den Abbildungen 3 und 4 kann jedoch nur ein stark schwankender Anteil mobilisiert werden. Daher ist eine Differenzierung der Protestursache bzw. nach dem Anlass des Protestes notwendig wie es Abbildung 5 tut, um den Mobilisierungsgrad der Gegner von Gentechnik zu ermitteln. Diese ist unter der Sparte ‚Ökologie' einzuordnen. Eine präzise, wissenschaftlich fundierte Zahl der Proteste gegen Grüne Gentechik und ihre Teilnehmer war im Rahmen dieser Arbeit nicht zu ermitteln und unterstreicht den Forschungsbedarf.

Nach der Nennung von Organisationen, ihrer Zahl und Mitglieder sowie ihrer Ideologien wird im abschließenden Schritt analysiert, wie die Bevölkerung eine mediale Beeinflussung erfahren könnte. Pfeiffer führt in seiner Arbeit anhand von Fallstudien Medien auf, wie sie eingesetzt werden können, um die Ideologie einer Bewegung nach Außen zu tragen:

- ➢ (Flug-)Blätter, Plakate, Aufkleber als Mobilisierungsmedien anlässlich von Protestaktionen
- ➢ (Pseudo-) Wissenschaftliche Literatur und publizistische Foren
- ➢ Zeitschriften und Zeitungen
- ➢ Tonträger und Videos
- ➢ Infotelefone und Beratung
- ➢ Diskussionsforen im Internet [Anmerkung: wie bspw. Newsletter und Blogging] (*Pfeiffer 2000, S. 5 ff.*)

Neben diesem Medieneinsatz, der von der jeweiligen Organisation bzw. Bewegung initiiert wird, ist die Berichterstattung in von der Organisation unabhängigen Medien von Bedeutung und erreicht eine wesentlich höhere Anzahl an Bürgern. Hierunter fallen alle Printmedien, Rundfunk, Fernsehen und Internet. Aufgrund des großen Umfangs an Printmedien und ihrer unterschiedlichen Ausprägungen wie Lokalblatt, Sensationspresse, seriöse Tageszeitung, usw. geht diese Arbeit im Folgenden kurz auf die neuesten Entwicklung in der medialen Kommunikation ein: Soziale Netzwerke im Internet, die die oben genannten Medien ergänzen und zum Teil verdrängen.

Mit sozialen Netzwerken sind Internetseiten gemeint, bei denen sich der Internetnutzer als Mitglied namentlich registriert und interaktiv an der Kommunikation innerhalb des Netzwerkes teilnehmen kann. Diese Kommunikation kann mittels Nachrichten im Stil einer E-Mail erfolgen, sogenannten ‚Pinnwandeinträgen', Blogs oder ‚Gefällt mir'-Statusmeldungen. Letztere verdeutlichen in Abhängigkeit des Einsehbarkeitsgrades der persönlichen Seite, von was der Nutzer Anhänger ist. Abbildung 6 zeigt beispielhaft einen solchen ‚Facebook'- Auftritt. Wird man Anhänger, erscheint dieses sichtbar für die befreundeten anderen Mitglieder. Somit kann es eine Organisation innerhalb kürzester Zeit schaffen, kostengünstig und wirkungsvoll Aufmerksamkeit zu wecken. Aufgrund einer steigenden Mitgliederzahl herrscht hier elementarer Forschungsbedarf hinsichtlich der Mobilisierungsfähigkeit und Kommunikation innerhalb solcher interaktiven Netzwerke.

5   Diskussion und Fazit

Kapitel 5 besitzt die Aufgabe, die in den vorherigen Kapiteln aufgeführten Zahlen und Fakten im Sinne der Fragestellung dieser Arbeit zu diskutieren. Ebenso wird die Frage thematisiert, wie sich Menschen in einer von Medien stark beeinflussten Gesellschaft mobilisieren lassen. Eine Diskussion spiegelt im Übrigen die Meinung des Verfassers wieder, indem u.a. den Zitierten zugestimmt wird oder nicht.

Gill ist der Auffassung, dass die „Heterogenität des Widerstandes aufs Engste mit der Heterogenität des Protestobjekts Bio- und Gentechnik verknüpft ist". *(Gill 2008, S. 647)* Demnach gibt es nicht ‚die‘ Bewegung gegen Gentechnik, die sie generell ablehnt, sondern insbesondere die Differenzierung zwischen der Anwendung in der Medizin, dem Klonen, und in der Pflanzenzüchtung, der Grünen Gentechnik. Auf letztere haben sich besonders die Umweltorganisationen konzentriert, welche nach Auffassung des Verfassers eine Alternative zu den klassischen Themen wie Atomkraft, Umweltzerstörung etc. suchten und fanden. Eben diese ‚Neuen sozialen Bewegungen‘, *(Gill 2008, S. 657)* zu denen auch Bündnis 90/Die Grünen gehören, haben ihre Existenzberechtigung innerhalb der Gesellschaft, da sie in der Vergangenheit politische und gesellschaftliche Veränderungsprozesse angestoßen haben. Sei es, dass Unternehmen seit kurzem bspw. mit umweltschonenden Herstellungsverfahren werben, Umweltschutz als innovativ und fortschrittlich gilt im Hinblick auf Elektro-PKW oder auch der Umweltschutz weitreichend in die Gesetzgebung integriert wurde. Auf der anderen Seite schüren diese Gruppierungen Ängste in der Bevölkerung mit plakativen Forderungen *(vgl. Kapitel 4)* und versuchen nach Meinung des Verfassers Vorteile aus der Unkenntnis der Bürger bzw. Verbraucher zu ziehen. Durch die Fülle an Organisationen, die sich neben Greenpeace und anderen institutionalisiert haben, ist die These des Verfassers, dass es sich hierbei um eine ‚Protestindustrie‘ handelt, welche weniger Lösungen für Probleme anbietet, sondern vielmehr auf medienwirksame Horrormeldungen fokussiert ist. So kann das Spendenaufkommen, durch das sich diese NGO's in aller Regel finanzieren, erhöht werden. Abbildung 7 visualisiert zum einen die Verflechtungen zwischen Umweltorganisationen und politischen Parteien als auch die gegenseitige Unterstützung bei Kampagnen. Daraus lässt sich nach Auffassung des Autors schließen, dass hier der Bevölkerung ein verzerrtes Bild vom tatsächlichen Protestinteresse und Mobilisierungsgrad vermittelt werden soll.

Wie die empirischen Daten aus Kapitel 4 zeigen, handelt es sich nach Meinung des Autors dieser Arbeit bei den Aktivitäten gegen Gentechnik um keine Soziale Bewegung. Die in der Definition von Jenkins und Form beschriebene Voraussetzung für Bewegungen, dass sie ‚organisierte Bemühungen [Anmerkung: seien], einen sozialen Wandel herbeizuführen‘, ist nicht gegeben. Gemäß Gill haben die Auseinandersetzung, Kritik und Protest gegen die Gentechnik bisher in den Volkshochschulen, in den Medien, in Parlamenten, an den Börsen und im Einkaufsverhalten europäischer Einzelhändler stattgefunden und weniger in Boykotten, Demonstrationen und Besetzungen. *(Gill 2008, S. 614)* Ohnehin konnte zu Demonstrationen und anderen klassischen Protesten nur ein kleiner Teil der Mitglieder von Umweltorganisationen, aber auch nur ein kleiner Anteil von sonstigen Bürgern in Relation zu beispielsweise Friedensdemonstrationen gewonnen werden. *(vgl. Abb. 3, 4 und 5)* Forschungsbedarf besteht darin, dass die Zahl der Aktionen wie sie Pfeiffer beschreibt, statistisch erfasst und ausgewertet werden müssen. Die Auswertung muss u.a. Auskunft über die Anzahl, die soziale Stellung, die politische Motivation und das Alter der Probanden geben können. Nur so kann aus Sicht des Verfassers die Frage beantwortet werden, inwieweit es eine soziale Bewegung gegen Gentechnik gibt. Eine Bewegung im klassischen Sinne, wie sie zum Beispiel aus der Anti-Atomkraftbewegung hervorgegangen ist mit der Gründung einer Partei, sind die Aktivitäten gegen Gentechnik nicht. Ausblickend ist zu konstatieren, dass im Zuge der Abschaltung von Atomkraftwerken die ‚Protestindustrie‘ ein alternatives Leitthema für ihre Aktivitäten sucht und somit die (Grüne) Gentechnik in den Mittelpunkt ihrer Arbeit stellt.

Ebenso besteht Forschungsbedarf, inwieweit Bewegungen und Organisationen wie in Kapitel 2 genannt, mittels dem Einsatz von Medien ihre Anhänger zu Protestaktionen mobilisieren können. Ähnlich bei der Gentechnik, *(Gill 2008, S. 614)* ist hier wenig bis keine sozialwissenschaftliche Literatur vorhanden. Der wesentliche Unterschied zu früheren Protesten bzw. Auslöser für Bewegungen, ist die Art der Kommunikation. Der Einsatz moderner Kommunikationsmedien steht nach Meinung des Verfassers zum Stand 2011 erst am Anfang. In Zukunft ist es z.B. denkbar, dass es zu ‚Internet-Demos‘ kommt, wo Nutzer in sozialen Netzwerken synchron Anhänger einer bestimmten Seite werden und/oder ‚Gefällt mir‘- oder ‚Gefällt mir nicht‘-Statusmeldungen abgeben. Durch die Sichtbarkeit solcher Aktivitäten auf der Startseite nach Einloggen in das Netzwerk, sehen befreundete Nutzer die Meinung eines Freundes und folgen dieser möglicherweise. So kann, wie bereits in Kapitel 4 geschrieben, innerhalb kürzester Zeit eine Meinungsbildung generiert werden und Protest gegenüber einer Firma, Organisation oder bestimmten Person artikuliert werden. Einschränkend ist zu sagen, dass die Halbwertzeit von Informationen sehr kurz ist und somit schnell wieder aus dem Bewusstsein verschwinden. Hierbei ist also ein interdisziplinäres Arbeiten zwischen Psychologen, Neuroforschern, Kommunikationswissenschaftlern, Informatikern und Sozialwissenschaftlern gefragt, in welchem Maße welche Informationen mit welcher Dauer wo von wem und für wen visualisiert werden. Daher stellt sich nach Meinung des Verfassers dieser Arbeit des Weiteren die Frage, inwieweit in einer durch Informationstechnik so stark vernetzten Gesellschaft Protestaktionen wie die von Pfeiffer genannt zukünftig überhaupt (noch) nötig sind, um in die öffentliche Wahrnehmung zu gelangen. Das wiederum hat in hohem Maße Einfluss auf die Definition von Sozialen Bewegungen, da sie bisher zu wenig die Frage nach dem Kommunikationsmedium berücksichtigt haben, was der Autor dieser Arbeit kritisiert.

Literaturverzeichnis

Buhk, Hans-Jörg (2010): Koexistenz Grüne Gentechnik: Rechtlicher Rahmen, in: Mitteilungen der Gesellschaft für Pflanzenbauwissenschaften, Band 22, ISSN 0934-5116, Gesellschaft für Pflanzenbauwissenschaften e. V., Verlag Liddy Halm, Göttingen

Clark, David P. et al. (2009): Molekulare Biotechnologie - Grundlagen und Anwendungen, ISBN 978-3-8274-2189-0, Spektrum Akademischer Verlag, Heidelberg

Dreschflegel e.V. (2011): Für eine Landwirtschaft ohne Gentechnik, http://www.dreschflegel-verein.de/agro-gentechnik/ (25.05.2011)

Facebook Ireland Limited (2011): Seite von foodwatch e.V. (verantwortlich für den Inhalt) http://www.facebook.com/home.php#!/foodwatch (30.05.2011)

Foodwatch e.V. (2007): Keine Wahlfreiheit bei Gentechnik, http://foodwatch.de/kampagnen__themen/gentechnik/index_ger.html (25.05.2011)

Gill, Bernhard (2008): Kampagnen gegen Bio- und Gentechnik, Kapitel 29 in Roth, R./Rucht, D. (Hrsg.): Die Sozialen Bewegungen in Deutschland seit 1945. Ein Handbuch, ISBN 978-3593383729, Campus Verlag, Frankfurt

Greenpeace e.V. (2011): Hintergrund Landwirtschaft: Was wollen wir essen? Gift und Gentechnik – nein danke!, http://www.greenpeace.de/fileadmin/gpd/user_upload/themen/landwirtschaft/GP_LW_Hintergrund_0904_08.pdf (25.05.2011)

Jenkins und Form (2005) in Opp, Prof. Dr. Karl-Dieter (Hrsg.): Theories of Political Protest and Social Movements: A Multidisciplinary Introduction, Critique and Synthesis, ISBN 978-0415483896, Routledge Chapman & Hall, London und New York, S. 35

Kempken, Prof. Dr. Frank und Dr. Renate (2006): Gentechnik bei Pflanzen, ISBN 3-540-33661-3, 3. Auflage, Springer- Verlag, Berlin

Martinko, John M. (2006): in: Brock, Thomas D. (2006, Hrsg.), Mikrobiologie, ISBN 3-8273-7187-2, 11. Auflage, Pearson Studium, München

Opp, Prof. Dr. Karl-Dieter (2009): Theories of Political Protest and Social Movements: A Multidisciplinary Introduction, Critique and Synthesis, ISBN 978-0415483896, Routledge Chapman & Hall, London und New York

Pfeiffer, Dr. Thomas (2000): Medien einer neuen sozialen Bewegung von rechts, Dissertation zur Erlangung des akademischen Grades eines Doktors der Sozialwissenschaft der Ruhr-Universität Bochum, Fakultät für Sozialwissenschaft

Regenass-Klotz, Dr. Mechthild   (2000): Grundzüge der Gentechnik: Theorie und Praxis, ISBN 3-7643-6244-8, 2. Auflage, Birkhäuser Verlag, Basel

Rucht, Dieter und Roose, Jochen (2001): Neither Decline Nor Sclerosis: The Organisational Structure of the German Environmental Movement. West European Politics 24, Heft 4, ISSN: 0140-2382, Taylor & Francis Group, London, S. 55-81

Tarrow (1998) in Opp, Prof. Dr. Karl-Dieter (Hrsg.): Theories of Political Protest and Social Movements: A Multidisciplinary Introduction, Critique and Synthesis, ISBN 978-0415483896, Routledge Chapman & Hall, London und New York, S. 35

Veit, Juliana (2010): EU-Lobbying im Bereich der Grünen Gentechnik, ISBN 978-3-8288-2257-3, Tectum Verlag, Marburg

Anhang

Abb. 1: „Ohne Gentechnik"-Siegel *(foodwatch 2009)*

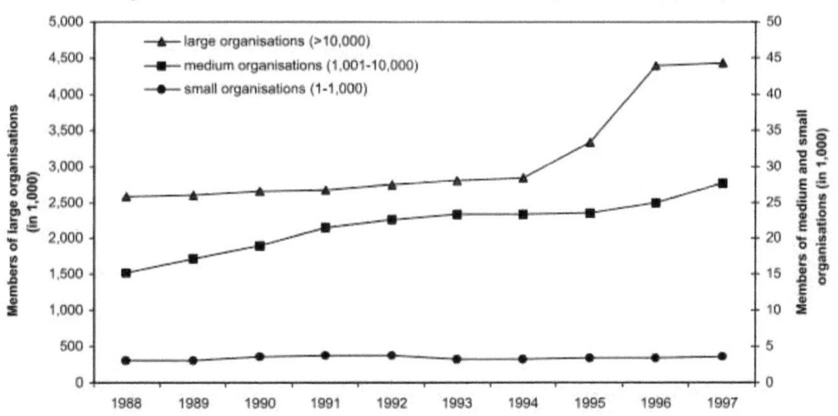

Abb. 2: Mitgliederentwicklung von Umweltorganisationen *(Rucht und Roose 2001, Anhang: Figure 2)*

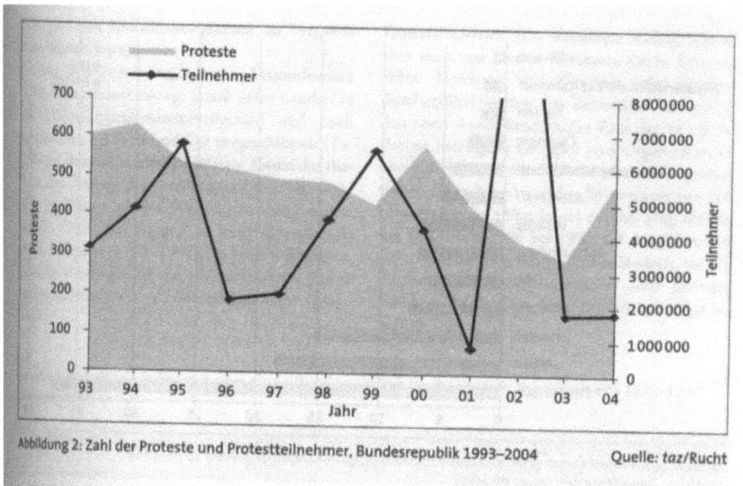

Abb. 3: Zahl der Proteste und Protestteilnehmer 1993 bis 2004 *(Gill 2008, S. 647)*

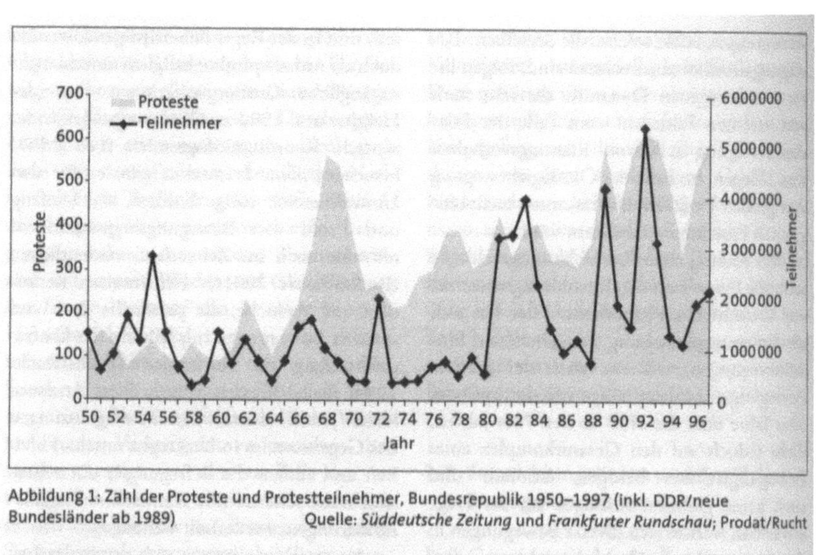

Abb. 4: Zahl der Proteste und Protestteilnehmer seit 1950 *(Gill 2008, S. 646)*

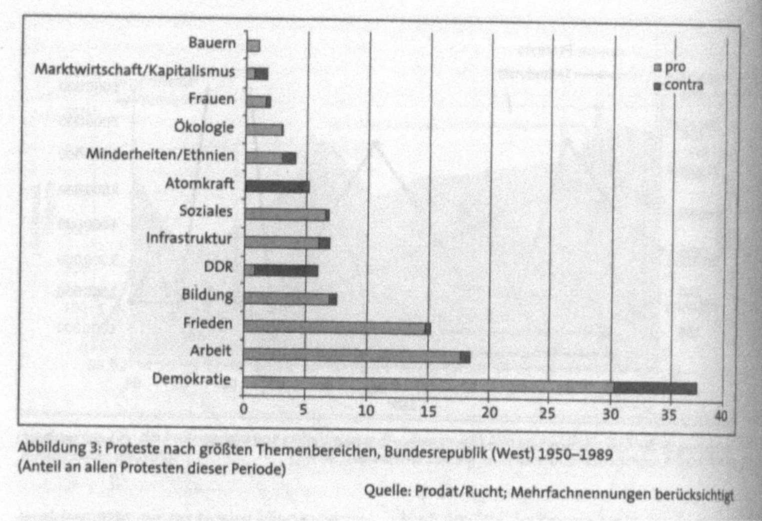

Abb. 5: Prozentualer Anteil der Protestsegmente *(Gill 2008, S. 648)*

Abb. 6: Beispiel für neue Kommunikationsmedien anhand von ‚Facebook' *(Facebook
Ireland Limited 2011)*

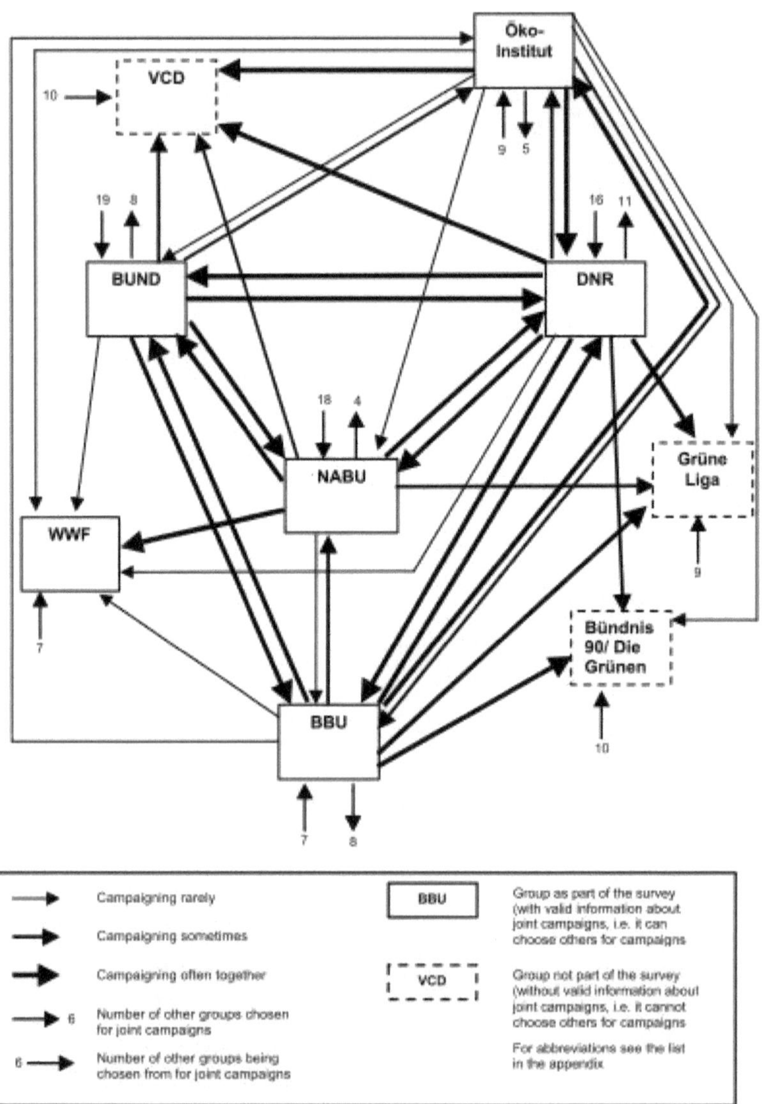

Abb. 7: Vernetzung von Umweltorganisationen *(Rucht und Roose 2001, Anhang)*